TABLEAUX
DES CHASSES

LES PLUS INTÉRESSANTES,

REPRÉSENTÉES EN GRAVURES COLORIÉES,

POUVANT SERVIR D'ÉTUDES DE LAVIS ET D'AQUARELLE,

EXÉCUTÉES D'APRÈS LES DESSINS

DE MM. HOWITT, ATKINSON, CLARK, MANSKIRK,

ACCOMPAGNÉES D'UN TEXTE

PUISÉ DANS LES ÉCRITS DES MEILLEURS NATURALISTES MODERNES.

Imprimerie de La Nouvelle,
rue de Seine, n° 3.

S

TABLEAUX
DES CHASSES

LES PLUS INTÉRESSANTES,

REPRÉSENTÉES EN GRAVURES COLORIÉES.

TABLEAUX
DES CHASSES

LES PLUS INTÉRESSANTES,

REPRÉSENTÉES EN GRAVURES COLORIÉES,

POUVANT SERVIR D'ÉTUDES DE LAVIS ET D'AQUARELLE,

EXÉCUTÉES D'APRÈS LES DESSINS
DE MM. HOWITT, ATKINSON, CLARK, MANSKIRK,

ACCOMPAGNÉES D'UN TEXTE

PUISÉ DANS LES ÉCRITS DES MEILLEURS NATURALISTES MODERNES.

A PARIS,

CHEZ A. NEPVEU, LIBRAIRE, PASSAGE DES PANORAMAS, N° 26.

MDCCCXIX.

TABLEAUX
DES CHASSES.

PLANCHE PREMIÈRE.

CHASSE AUX CYGNES NOIRS.

La zagaie, arme principale des sauvages de la Nouvelle-Galles méridionale, provient d'une plante du gommier jaune qui pousse en touffe basse avec de longues feuilles épaisses. Du centre s'élève une tige haute de douze ou quatorze pieds, parfaitement propre à servir de javeline. Les naturels sont très-recherchés dans le choix de ces tiges, et apportent un soin infini dans leur préparation, leur poli et la position des barbes. Quelques unes de leurs zagaies sont armées, à sept ou huit pouces depuis la pointe, de plusieurs morceaux de pierre, d'écaille ou d'os bien affilés, qui rendent ces armes extrêmement formidables; et les sauvages ont chacun un talent si particulier pour exécuter ce travail, que les tribus voisines reconnoissent sans peine que telle javeline appartient à tel ou tel individu. Leur adresse est vraiment surprenante; ils manquent rarement le but marqué à cinquante ou soixante verges. La zagaie est lancée avec la plus grande rapidité au moyen d'un petit bâton fait exprès; il a à l'une de ses extrémités un petit crochet qui entre dans une petite cavité faite à la base de la lance. On le tient ferme dans la main droite, en maintenant avec le pouce et l'index le corps de la javeline un peu plus haut. La main gauche dirige le trait à la hauteur convenable. Viser, lancer la zagaie, frapper l'objet, est l'affaire d'un clin d'œil. Chaque zagaie différente a un nom particulier, depuis celle qui n'a que la pointe seule jusqu'à celles que distingue le nombre de leurs barbes.

Chasse aux Cygnes noirs.

Des oiseaux, que la rapidité de leur vol et la beauté de leur plumage ne sauroient protéger contre l'adresse et la faim des sauvages, tombent, atteints dans les airs par ces longues javelines presqu'aussi dangereuses pour eux que le plomb meurtrier du chasseur.

Les cygnes noirs, dout Buffon ignoroit l'existence, ont été signalés plusieurs fois dans le Voyage à la recherche de La Peyrouse, dans celui de Péron aux Terres-Australes, etc. Depuis on en a pu voir de vivans à la Malmaison. Offerts à l'impératrice Joséphine par le capitaine Baudin, commandant de l'expédition aux Terres-Australes, ils faisóient admirer sur les eaux, habilement distribuées de ce jardin, ces grâces qui leur sont communes avec les cygnes de l'Ancien-Monde. Nés à la Nouvelle-Hollande, et ne se trouvant que là, ils s'étoient parfaitement acclimatés en France, et y avoient donné naissance à d'autres cygnes. Voici l'admirable description que Buffon fait des cygnes blancs; et, comme elle convient également aux cygnes de la Nouvelle-Hollande, nous la transcrivons ici textuellement :

« Dans toute société, soit des animaux, soit des hommes, la violence fit des tyrans; la douce autorité fait les rois. Le lion et le tigre sur la terre, l'aigle et le vautour dans les airs, ne règnent que par la guerre, ne dominent que par l'abus de la force et par la cruauté, au lieu que le cygne règne sur les eaux à tous les titres qui fondent un empire de paix, la grandeur, la majesté, la douceur; avec des puissances, des forces, du courage, et la volonté de n'en pas abuser, et de ne les employer que pour sa défense, il sait combattre et vaincre sans jamais attaquer; roi paisible des oiseaux d'eau, il brave les tyrans de l'air; il attend l'aigle sans le provoquer, sans le craindre; il repousse ses assauts en opposant à ses armes la résistance de ses plumes et les coups précipités d'une aile vigoureuse qui lui sert d'égide; et souvent la victoire

couronne ses efforts. Au reste, il n'a que ce fier ennemi ; tous les autres oiseaux de guerre
le respectent, et il est en paix avec toute la nature : il vit en ami plutôt qu'en roi au milieu
des nombreuses peuplades des oiseaux aquatiques, qui toutes semblent se ranger sous sa loi ;
il n'est que le chef, le premier habitant d'une république tranquille, où les citoyens n'ont
rien à craindre d'un maître qui ne demande qu'autant qu'ils lui accordent, et ne veut que
calme et liberté.

Les grâces de la figure, la beauté de la forme, répondent dans le cygne à la douceur du
naturel ; il plaît à tous les yeux : il décore, embellit tous les lieux qu'il fréquente ; on l'aime,
on l'applaudit, on l'admire. Nulle espèce ne le mérite mieux : la nature en effet n'a répandu
sur aucune autant de ces grâces nobles et douces qui nous rappellent l'idée de ses plus
charmans ouvrages : coupe de corps élégante, formes arrondies, gracieux contours, blancheur
éclatante et pure, mouvemens flexibles et ressentis ; attitudes tantôt animées, tantôt laissées
dans un mol abandon....

A sa noble aisance, à la facilité, la liberté de ses mouvemens sur l'eau, on doit le reconnoître
non seulement comme le premier des navigateurs ailés, mais comme le plus beau modèle que
la nature nous ait offert pour l'art de la navigation. Son cou élevé, et sa poitrine relevée et
arrondie, semblent en effet figurer la prone du navire fendant l'onde ; son large estomac en
représente la carène ; son corps penché en avant pour cingler se redresse à l'arrière et se
relève en poupe ; la queue est un vrai gouvernail ; les pieds sont de larges rames, et ses
grandes ailes, demi-ouvertes au vent et doucement enflées, sont les voiles qui poussent le
vaisseau vivant, navire et pilote à la fois.

Fier de sa noblesse, jaloux de sa beauté, le cygne semble faire parade de tous ses avantages : il a l'air de chercher à recueillir des suffrages, à captiver les regards; et il les captive en effet, soit que, voguant en troupe, on voie de loin, au milieu des grandes eaux, cingler la flotte ailée, soit que, s'en détachant et s'approchant du rivage aux signaux qui l'appellent, il vienne se faire admirer de plus près en étalant ses beautés, et développant ses grâces par mille mouvemens doux, ondulans et suaves.

Aux avantages de la nature le cygne réunit ceux de la liberté; il n'est pas du nombre de ces esclaves que nous puissions contraindre ou renfermer : libre sur les eaux, il n'y séjourne, ne s'établit qu'en y jouissant d'assez d'indépendance pour exclure tout sentiment de servitude et de captivité; il veut à son gré parcourir les eaux, débarquer au rivage, s'éloigner au large, ou venir, longeant la rive, s'abriter sous les bords, se cacher dans les joncs, s'enfoncer dans les anses les plus écartées : puis, quittant sa solitude, revenir à la société, et jouir du plaisir qu'il paroît prendre et goûter en s'approchant de l'homme, pourvu qu'il trouve en nous ses hôtes et ses amis, et non ses maîtres et ses tyrans.

Chez nos ancêtres, trop simples ou trop sages pour remplir leurs jardins des beautés froides de l'art, en place des beautés vives de la nature, les cygnes étoient en possession de faire l'ornement de toutes les pièces d'eau; ils animoient, égayoient les tristes fossés des châteaux; ils décoroient la plupart des rivières, et même celle de la capitale. »

PLANCHE II.

CHASSE A L'AUTRUCHE.

L'AUTRUCHE est le plus grand de tous les oiseaux; elle atteint jusqu'à sept ou huit pieds de hauteur; son cou long et mince n'est revêtu que d'une espèce de duvet; sa tête est fort petite à proportion de son corps : mais ses yeux sont grands et vifs; son bec est court, mousse et aplati horizontalement; les plumes de son corps n'ont point de fermeté; les tiges en sont flexibles, et les barbes ne s'accrochent pas les unes aux autres, comme dans les autres oiseaux. C'est ce qui rend ces plumes flottantes et propres à servir d'ornemens; les ailes de l'autruche sont hors de toute proportion avec son corps, et n'ont aussi que des plumes flexibles et ondoyantes; ses cuisses et ses jambes sont d'une force extraordinaire; les cuisses sont dénuées de plumes; ses pieds n'ont que deux doigts, dont l'externe est beaucoup plus court que l'autre, et n'a point d'ongle.

Le mâle est ordinairement d'un brun noir mêlé de plumes blanches; la femelle est tout entière d'un gris brun uniforme. Dans un certain temps la peau du cou et des cuisses du mâle est très-rouge, et paroît telle au travers du duvet gris qui la couvre. L'autruche est le seul oiseau dont les sécrétions alimentaires ne soient pas simultanées.

L'autruche a l'œil bon et la vue forte; elle entend très-bien, mais son goût et son odorat sont très-foibles. Elle avale pêle-mêle avec les alimens, des pierres, des morceaux de métal

Chasse à l'Autruche.

et d'autres corps nuisibles ou au moins inutiles à la nourriture ; peut-être ces corps durs lui
sont-ils nécessaires pour la trituration de ses alimens ordinaires. On trouva, dans l'estomac
d'une autruche disséquée au Muséum d'Histoire naturelle de Paris, une livre pesant de
pierres, de morceaux de fer ou de cuivre et de pièces de monnaies à demi usées. L'autruche
souffre souvent de ce peu de discernement qu'elle met dans le choix de ce qu'elle avale.
Extrêmement vorace, quoique le grain et l'herbe fussent la base de sa nourriture, elle dévore
indistinctement toute espèce de substance végétale ou animale. L'orge paroît être l'aliment
qui lui convient le mieux : une de celles de la Ménagerie de Paris en mangeoit chaque jour
quatre livres, une livre de pain et dix têtes de laitues ; elle buvoit quatre pintes d'eau par jour :
en hiver, où l'on est obligé de la tenir renfermée, elle en boit plus de six ; ce qui réfute le
récit des Arabes adopté par Buffon, que l'autruche ne boit point. Elle s'arrose très-souvent
avec son eau, et se roule ensuite sur la terre, ce qui annonce un grand besoin de se baigner.
Cet oiseau est pourvu d'une très-grande force musculaire, surtout dans les jambes ; il peut
lancer derrière lui des pierres très-lourdes et à une distance considérable. La rapidité de sa
course surpasse celle de tous les animaux connus ; elle est telle que ceux qui la montent sans
en avoir pris petit à petit l'habitude, sont bientôt suffoqués, faute de pouvoir reprendre
haleine. Les ailes lui servent à accélérer cette course en frappant l'air ; mais elles ne sont pas
à beaucoup près assez grandes pour lever la masse de son corps au-dessus du sol ; l'autruche
a du reste très-peu d'instinct, et ne montre aucune intelligence : les peuples des pays qu'elle
habite s'accordent à en faire un emblème de stupidité ; ils vont jusqu'à prétendre que lorsqu'elle a caché sa tête derrière un arbre, et qu'elle ne voit plus le chasseur, elle se croit

elle-même à l'abri de ses regards et de sa poursuite. Son cri est foible et rare; il ressemble presque à celui du pigeon. La voix du mâle ne diffère de celle de la femelle que parce qu'elle est un peu plus forte.

A la Ménagerie du Muséum à Paris, on a vu le mâle et la femelle s'accoupler; la femelle a pondu six œufs dans l'espace de deux mois; il y en avoit trois sans coque; un de ceux qui étoient parfaits pesoit deux livres quatorze onces; on a préparé deux de ces œufs, et on leur a trouvé un goût préférable à celui des œufs de poule. L'autruche habite toute l'Afrique depuis la Barbarie jusqu'au cap de Bonne-Espérance; elle est aussi très-commune en Arabie, et il paroît qu'autrefois on en trouvoit plus avant en Asie, mais qu'il n'y en a plus aujourd'hui. Ces oiseaux se réunissent en grandes troupes pour traverser les déserts. Les Arabes leur donnent la chasse à cheval en ayant l'air de les observer, mais non de les poursuivre; ils les empêchent de manger, les fatiguent, et finissent par fondre sur elles et les assommer à coups de bâton. La poursuite de l'autruche est un des exercices dans lequel les Arabes déploient la plus grande sagacité; car, aussitôt que le chasseur aperçoit sa proie, il met son cheval à un pas où il peut toujours avoir l'autruche en vue, sans cependant l'alarmer; autrement, elle se jetteroit dans les montagnes, et seroit perdue pour le chasseur. Quand l'autruche voit qu'on la suit, elle commence à courir doucement, en faisant aller ses ailes dans un sens concordant avec le mouvement de ses jambes. A ce pas, elle laisseroit encore les chasseurs bien loin derrière elle, si elle couroit en droite ligne; mais elle a beau augmenter de vitesse, le nombre de cercles qu'elle fait en courant l'empêche rarement d'échapper. Le chasseur, en faisant le cercle plus petit, ou rencontrant tout à coup l'autruche au moment où elle s'y attend le moins,

est alors à même de l'estropier ou de la faire tomber en lui jetant adroitement des bâtons
dans les jambes. Cependant on en vient rarement là avant une course de huit heures, et
quelquefois de trois jours, pendant lesquels on change plusieurs fois de chasseurs et de chevaux.
L'autruche, voyant enfin que tout moyen d'échapper est impossible, après des poursuites
forcées, tâche de cacher sa tête sous le sable ou derrière une touffe d'herbe. C'est ce genre
de chasse que représente la gravure. On peut aussi les poursuivre avec des chiens, et les
prendre aux filets ou dans d'autres piéges. Quelques auteurs racontent que les naturels du
pays se couvrent d'une peau d'autruche, et, par ce moyen, peuvent les approcher assez pour
les surprendre. Celles que l'on prend vivantes s'apprivoisent aisément, se laissent parquer et
mettre en troupeaux; elles souffrent même que les hommes les montent; mais on n'est pas
encore parvenu à les diriger à volonté comme le cheval.

La chair des vieilles est dure et de mauvais goût. Celle des jeunes, lorsqu'elles sont grasses,
peut se manger. Un des peuples de l'Abyssinie portoit chez les anciens le nom de *Struthiophages*,
parce que cet oiseau faisoit sa principale nourriture. La peau de l'autruche encore garnie de
ses plumes sert de cuirasse aux Arabes, et, d'après les dernières relations de M. Salt, aux
Abyssiniens en général. Quant aux grandes plumes des ailes et de la queue, tout le monde
sait l'usage qu'on en fait dans toute l'Europe pour les coiffures des femmes, des militaires, et
pour l'ornement des dais, des lits, etc. Ces usages remontent à la plus haute antiquité. Les
soldats romains portoient de ces plumes sur leurs casques. Les Arabes regardent le sang de
l'autruche, mêlé avec la graisse et figé, comme un aliment agréable.

Ces oiseaux causent souvent de grands dommages aux fermiers dans l'intérieur de l'Afrique méridionale, en allant par troupes dans leurs champs, et en détruisant si complétement les épis de blé, qu'on voit quelquefois une étendue considérable de terre sur laquelle il ne reste plus que la paille. Le corps de l'oiseau n'est pas plus haut que le blé ; et lorsqu'il mange les épis, il baisse son long cou, de manière qu'à une petite distance, il ne sauroit être aperçu ; mais, au moindre bruit, il redresse la tête, et, assez généralement, il parvient à s'échapper avant que le fermier, qui le guette pour le tuer, ait pu l'atteindre.

L'autruche est du nombre des oiseaux qui ont plusieurs femelles. La chaleur des climats sous lesquels elle vit, permet probablement à la femelle de ne pas être continuellement sur ses œufs, circonstance qui a, sans doute, fait affirmer à d'anciens écrivains, que la femelle, après avoir déposé ses œufs dans le sable, et les avoir recouverts, les quitte pour les laisser éclore au soleil, et qu'elle abandonne ainsi ses petits. Cette réputation de mauvaise mère qu'on a voulu lui faire, est démentie par les récits des voyageurs modernes. Kolben, qui a observé un grand nombre d'autruches au cap de Bonne-Espérance, assure qu'elles se mettent sur leurs œufs de la même manière que les autres oiseaux, et que les mâles et les femelles remplissent cette tâche alternativement. Il n'est pas vrai non plus qu'elles délaissent leurs petits lorsqu'ils sont sortis de leurs coquilles : au contraire, ceux-ci n'étant capables de marcher que quelques jours après qu'ils sont éclos, les parens, pendant ce temps, leur fournissent très-assidument de l'herbe et de l'eau ; ils s'exposeroient même au danger le plus évident pour les défendre. Les femelles qui sont unies au même mâle déposent tous leurs œufs dans le même lieu, au nombre de dix ou douze pour chacune d'elles, confondant ainsi par ce mélange leur postérité, adoptant mutuellement les enfans les unes des autres, et par un instinct admirable, se dépouillant ainsi pour la génération future de toutes les jalousies d'épouses et de mères. Les œufs éclosent tous ensemble, et le mâle les couve à son tour. On a trouvé quelquefois jusqu'à soixante ou soixante-dix œufs dans un seul nid. Le temps de l'incubation est de six semaines.

M. Levaillant rapporte qu'en Afrique, il écarta une autruche de son nid, dans lequel il trouva onze œufs extrêmement chauds, et quatre autres à une petite distance. Ceux du nid étoient pleins ; mais ses compagnons se saisirent avidement de ceux qui étoient détachés, en disant qu'ils étoient bons à manger. Ils lui apprirent que près du nid ces oiseaux plaçoient toujours un certain nombre d'œufs qu'ils ne couvoient pas, et qu'ils destinoient à être la première nourriture des petits qui devoient éclore. « L'expérience, dit le voyageur, m'a convaincu de » la vérité de cette observation ; car je n'ai jamais, depuis, rencontré un seul nid d'autruche » sans trouver des œufs placés de la même manière à quelque distance. Un jour je trouvai » une autruche femelle sur un nid contenant trente-deux œufs, et douze autres étoient » placés à une petite distance, chacun à part dans une cavité particulière. Je demeurai » près de ce lieu quelque temps, et je vis trois autres femelles venir se placer alternativement » dans le nid ; chacune d'elles y restoit environ un quart d'heure, ensuite elle cédoit la place » à une autre, et, en l'attendant, alloit se tenir serrée auprès de celle qui devoit lui » succéder. »

Le nid d'autruche ne paroît être qu'un creux formé par ces oiseaux dans la terre, en la foulant pendant quelque temps avec leurs pieds. Si quelqu'un touche aux œufs pendant leur absence, ils s'en aperçoivent promptement, à leur retour, par l'odorat ; et alors non seulement ils n'en remettent plus dans le même endroit, mais ils écrasent avec leurs pieds ceux qui sont restés : aussi, lorsque les nègres veulent leur en dérober, ils n'en touchent aucun avec leurs mains, mais ils les poussent hors du nid avec un long bâton. Suivant M. Barrow, les œufs d'autruche sont regardés comme un excellent manger en Afrique, où lui-même en fit très-souvent usage; un seul peut suffire pour la nourriture de deux personnes.

Les autruches sont douces et familières; elles ne s'apprivoisent cependant pas assez pour que l'on puisse obtenir d'elles l'utilité qu'on tire des autres animaux domestiques. Sans être absolument farouches, elles sont d'une nature rétive et indocile, qui empêchera toujours de les réduire à obéir à la main du cavalier, à sentir ses demandes, comprendre ses volontés, et s'y soumettre. M. Adanson a vu, à la vérité, au comptoir de Podor, une autruche chargée d'un nègre courir plus fort que le meilleur coureur anglais; mais il ajoute que cette autruche fit plusieurs fois le tour de la bourgade, et qu'on ne put l'arrêter qu'en lui barrant le passage. Docile à un certain point par stupidité, elle paroît intraitable par son naturel; et il faut bien qu'il en soit ainsi, puisque l'Arabe qui a dompté le cheval et subjugué le chameau, n'a pu encore entièrement maîtriser l'autruche, et tirer parti de sa force et de sa vitesse; car la force d'un domestique indocile se tourne presque toujours contre son maître.

En 1818 un oiseleur du boulevard du Temple, ayant reçu une jeune autruche du Brésil, put se convaincre, pendant tout un hiver qu'il la garda, combien cet oiseau est facile à apprivoiser. Cette autruche étoit frileuse, se plaçoit le plus près possible du foyer, se nourrissoit de carottes, de choux, de grains, etc. Au printemps, c'étoit un spectacle assez singulier, que de voir sa tête vive, animée de deux beaux yeux, surpasser celles des oisifs que la variété des oiseaux réunis chez l'oiseleur attiroit constamment. Elle ne paroissoit nullement effarouchée de tout ce monde. Les cris perçans des ara et des perroquets de toutes les espèces qui vivoient avec elle ne sembloient l'inquiéter en rien. Les singes nombreux qui circuloient continuellement autour d'elle ne lui causoient également aucune inquiétude. Fière sans doute de la supériorité de ses forces, elle ne craignoit aucun des hôtes qui encombroient sa demeure, en faisant entendre un charivari continuel et fatigant.

PLANCHE III.

CHASSE A L'ÉCUREUIL VOLANT.

Le gommier bleu, sur les branches duquel l'opossum et l'écureuil volant ou polatouche se retirent pour l'ordinaire, n'offre à l'œil jusqu'à la hauteur de 40 ou 60 pieds, qu'un pilier extrêmement poli, après lequel les sauvages grimpent avec une agilité surprenante, à l'aide de coches pratiquées dans l'écorce de l'arbre. Ils font la première et la seconde coche étant encore à terre; mais ils font le reste en montant, et ces coches sont placées à une distance telle l'une de l'autre, que le pied gauche est vis-à-vis le milieu de la cuisse droite. Pour s'élever un pas plus haut, ils tiennent la hachette entre leurs dents pour avoir les mains libres, et quand ils font une nouvelle coche, le poids entier de leur corps repose sur le gros orteil. Les doigts de la main gauche sont aussi fixés dans une coche quand la dimension de l'arbre ne permet pas de s'y cramponner d'une manière plus commode. Quand on atteint les branches, les animaux sont pris, ou s'ils tombent de l'arbre, ils sont tués par les sauvages qui sont restés au bas.

Une branche d'une espèce de sapin, embrasée, est toujours dans les mains d'une personne de la compagnie, et le feu est bientôt allumé. Les animaux qu'on peut avoir pris sont rôtis, ou plutôt sont écorchés et dévorés avec avidité.

Cette branche de sapin a cela de particulier qu'elle se conserve allumée un très-long espace de temps.

Chasse à l'Écureuil volant

L'opossum, le kanguroo, l'écureuil volant, et différentes espèces d'animaux qui habitent les bois, se retirent dans les creux des vieux arbres. Aussitôt qu'un de ces arbres est reconnu, commence une attaque dont les moyens ne laissent aucun doute sur le succès. Un des chasseurs monte à l'arbre, et se tient près de l'ouverture supérieure par où les animaux pourroient s'échapper, et les attend, sa massue levée, tandis que ceux qui sont en bas brûlent des roseaux ou des herbes sèches à l'ouverture inférieure. Quand le creux de l'arbre est assez plein de fumée pour en rendre la demeure insoutenable aux habitans, ils veulent s'échapper, et c'est alors qu'on les tue. Les naturels qui vivent dans les bois sont souvent réduits à de plus cruelles extrémités que ceux qui vivent sur la côte ou sur le bord des rivières, malgré la grande variété d'animaux dont la chair est un excellent manger; car ce n'est qu'en enfumant certains animaux qu'on parvient à les prendre. Les chasseurs qui n'ont pas réussi sont forcés de substituer à cette nourriture une espèce de vers qu'ils trouvent dans le tronc des gommiers nains, ou de se contenter de racines de fougère, ou même de fruits sauvages, tant sont misérables et peu assurés leurs moyens de subsistance.

L'écureuil volant se distingue particulièrement par une membrane velue qui s'étend presque tout autour de son corps, et qui l'aide à sauter d'un arbre à l'autre, quelquefois à la distance de vingt ou trente verges. Sa tête est petite et ronde, sa lèvre supérieure fendue ou bifide; ses yeux sont saillans et noirs, ses oreilles petites et nues; il a la partie supérieure de son cou d'un brun cendré, et le ventre d'un blanc mêlé de fauve. Les écureuils volans se réunissent toujours par bandes; on en voit plusieurs sur le même arbre, qu'ils ne quittent jamais volontairement pour courir à un autre, et où ils se tiennent constamment sur une de ses branches. Ils dorment pendant le jour, mais à l'approche de la nuit ils sont très-vifs et très-pétulans. En sautant à une distance considérable, ils écartent leurs jambes de derrière, et étendent leur membrane latérale, qui leur fait présenter plus de surface à l'air, et les rend plus légers. Malgré ce soutien, ils ont toujours besoin des branches inférieures de l'arbre sur lequel ils sautent, attendu que leur poids les empêche de se maintenir dans une ligne horizontale. Parfaitement instruits de cet effet de la gravitation de leur corps, ils ont soin de monter assez haut dans l'arbre sur lequel ils sont, pour se préserver de tomber par terre en sautant ; leurs membranes, quand elles sont étendues, agissent alors sur l'air, à peu près de la même manière que le cerf-volant, et non pas par coups répétés, comme les ailes d'un oiseau. A raison de ce que ces animaux sont naturellement plus pesans que le fluide atmosphérique, ils doivent nécessairement descendre. La distance à laquelle ils peuvent sauter dépend donc entièrement de la hauteur de l'arbre sur lequel ils se tiennent. Catesby nous apprend que la première fois qu'il vit un troupeau de ces quadrupèdes, il s'imagina que c'étoient des feuilles d'arbres emportées par le vent ; mais il fut bien désabusé lorsqu'il en aperçut un grand nombre qui se suivoient les uns les autres dans la même direction. La femelle de l'écureuil produit de deux à quatre petits, qu'elle nourrit avec la plus grande tendresse, et qu'elle préserve du froid en les couvrant des membranes qui lui servent d'ailes. On les apprivoise facilement, et ils deviennent bientôt familiers. Cet animal aime la chaleur, et se plaît à se fourrer dans la manche ou dans la poche de son maître. Si celui-ci le pose à terre, il manifeste à l'instant le déplaisir que cela lui cause, en remontant aussitôt se nicher dans ses vêtemens. On trouve ces animaux dans toutes les régions du nord de l'ancien et du nouveau continent; mais ils sont plus nombreux en Amérique qu'en Europe. Le galéopithèque de Sumatra, suspendu par les pieds à une branche d'arbre, et tenant ainsi ses petits renfermés entre ses membranes, paroît être de la même espèce.

PLANCHE IV.

CHASSE AU CHAT TIGRE.

Cet animal ressemble au chat sauvage, par la taille, l'extérieur, la couleur et le caractère. Il est également tacheté de noir sur un fond fauve, quelquefois marqué sur le dos de raies noires oblongues, et sur les autres parties du corps, de taches de la même couleur. Mais les voyageurs nous en ont donné des descriptions si imparfaites que son histoire naturelle est encore fort défectueuse. L'éloignement de sa tanière de toute habitation humaine, et les dangers presque insurmontables qu'on rencontre à chaque pas pour en approcher, empêcheront long-temps d'en avoir une définition exacte et de parfaits détails.

Le chat tigre se trouve en diverses parties de l'Afrique, de l'Amérique méridionale et dans l'Inde. Il cherche sa nourriture la nuit, comme toutes les autres espèces de la race féline, et commet de grands ravages parmi les petits animaux des basses-cours. Aussi le chasse-t-on de diverses manières, mais principalement avec le fusil.

Les chats tigres dans leurs montagnes natales du cap de Bonne-Espérance, sont de grands destructeurs de lapins, de jeunes antilopes, et même de toute espèce d'oiseaux; cependant ils ne sont pas d'un naturel aussi féroce que les autres quadrupèdes de la race à laquelle ils tiennent : lorsqu'ils sont pris, on parvient facilement à les priver, quoique Labat ait assuré

Chasse au Chat-Tigre.

que leur extérieur annonce un caractère cruel, et que leurs yeux ont une grande expression de férocité. Lorsque le docteur Forster et son fils touchèrent au cap, en 1795, ils eurent occasion d'en observer un qui avoit la pate cassée, et qu'on apporta à leur domicile dans un panier. Quoiqu'ils ne l'aient gardé que pendant vingt-quatre heures, ils purent observer ses mœurs, ses habitudes; elles leur parurent absolument semblables à celles de nos chats domestiques; il mangeoit de la viande crue, et montroit beaucoup d'attachement pour les personnes qui le nourrissoient, et qui lui faisoient du bien: mêmes caresses, même murmure lorsqu'il étoit satisfait : à cette époque il avoit près de neuf mois, et avoit été pris dans les bois.

PLANCHE V.

CHASSE A L'ANTILOPE OU GAZELLE, PAR LA PANTHÈRE.

On trouve la panthère dans la plus grande partie de l'Afrique et de l'Asie : en Afrique depuis la côte de Barbarie jusqu'au sud de la Guinée, et très-communément en Asie. Sa longueur est de six pieds et demi environ, sans compter la queue, qui peut en avoir huit. Sa peau est d'un jaune fauve brillant, fortement marquetée, sur le haut du corps, de cercles noirs, et n'ayant qu'une seule tache au centre. La panthère est extrêmement féroce, et ses ravages en Afrique ressemblent à ceux du tigre en Asie; cependant, à moins d'être fortement pressée par la faim, la panthère n'attaque pas l'homme. Sa peau étoit le plus grand luxe d'habillement pour les Romains; mais à présent on ne s'en sert que pour des housses de chevaux à l'armée.

En Arabie, et dans quelques autres parties de l'Inde, la panthère, prise jeune, s'apprivoise facilement; on lui apprend à chasser à la gazelle et à d'autres petits animaux; mais la vitesse de sa course la fait surtout choisir pour la chasse de la gazelle.

Aujourd'hui la panthère et ses variétés sont communes dans toutes les parties de l'Afrique, depuis la Barbarie jusqu'au Cap. Les plus belles viennent de Maroc et de Constantine. Si le tigre chasseur des Persans n'étoit pas une sorte de lynx, il faudroit admettre que la panthère, ou sa variété blanchâtre, l'once, s'étendent fort avant dans la Haute-Asie, et qu'il y en a jusque

Chasse à la Panthère.

sur les frontières de la Tartarie chinoise. On assure même que la Chine fournit à la Russie des peaux tigrées toutes semblables à celles de l'once.

La force de la panthère, les grands sauts qu'elle peut exécuter, ses canines aiguës, ses ongles tranchans, en font un animal très-dangereux; sa manière de chasser consiste à se tenir en embuscade dans un buisson et à s'élancer sur la proie qui vient à passer; elle détruit beaucoup de singes, d'antilopes, de buffles, et l'homme n'est pas toujours à l'abri de ses attaques, mais seulement, au rapport de Léon l'Africain, lorsqu'elle le rencontre dans quelque chemin étroit. Sa proie favorite est le chien; mais elle ne recherche pas beaucoup les moutons.

La panthère est plus forte que le léopard, en ce qu'elle a communément de cinq à six pieds de long, tandis que, comme on l'a fait observer, le léopard en a rarement plus de quatre. La couleur générale de la panthère est le fauve, dont les nuances sont foncées sur le dos et pâles vers la poitrine et le ventre qui sont blancs. Le dos et les flancs sont généralement marqués de taches noires, formées en anneaux et dispersées par groupes, au milieu desquels est une moucheture noire. Les oreilles de cet animal sont courtes et pointues; les yeux hardis et inquiets : son extérieur paroît extrêmement féroce.

La panthère, heureusement pour l'humanité, préfère la chair des brutes à celle de l'homme; mais lorsqu'elle est pressée par la faim, elle attaque sans distinction toutes les créatures vivantes; elle s'assure de sa proie par surprise, ou en rampant sur le ventre jusqu'à ce qu'elle se trouve à portée de fondre sur elle : elle gravit sur les arbres pour attraper les singes et autres animaux, de sorte qu'aucun être sur la terre n'est à l'abri de ses atteintes.

PLANCHE VI.

CHASSE AUX KANGUROUS.

On trouve les kangurous en grande abondance sur la côte sud sud-ouest de la Nouvelle-Hollande et dans l'intérieur de la colonie. On n'ignore pas que ces animaux pèsent souvent cent livres et davantage : aussi fournissent-ils un somptueux repas aux naturels qui sont assez heureux pour en prendre un. Le kangurou se nourrit de végétaux, et on le découvre toujours guettant dans l'herbe épaisse. Mais il est si timide que les naturels n'en approchent qu'avec la plus grande difficulté assez près pour lancer leur javeline avec quelque succès. Cet animal a les reins d'une force surprenante; d'un saut il s'élance à vingt et même trente pieds en avant, et franchit des buissons de dix pieds de haut. Sa queue a tant de vigueur, que d'un coup il ôte aux chiens du pays l'envie de le poursuivre. Le peu de longueur des jambes de devant les lui rend absolument inutiles pour courir; il paroît ne s'en servir que pour porter les alimens à sa bouche.

Les naturels n'ont pas l'idée du lendemain; ils mangent à chaque occasion favorable tant qu'il leur reste quelque chose, et quand ils ont fini, ils vont s'étendre au soleil où ils dorment jusqu'à ce que la faim ou quelqu'autre cause viennent les tirer de l'inaction.

Ce singulier animal habite la Nouvelle-Galles du sud , où il a été découvert , en l'année 1770;

Chasse au Kanguro.

par le capitaine Cook; il a quelquefois près de neuf pieds de long depuis l'extrémité du museau jusqu'au bout de la queue, et on a vu des individus de cette espèce qui pesoient jusqu'à cent cinquante livres. Son pelage est court et mollet, et d'un gris rougeâtre, qui s'éclaircit sur les flancs et sous le ventre; il a la tête petite et alongée, les oreilles larges et droites, et le nez fourni de moustaches; son cou et ses épaules sont petits. Cet animal augmente graduellement de volume vers les hanches et le bas-ventre. Les jambes de devant des plus grand kangurous ont environ dix-huit pouces; celles de derrière trois pieds sept pouces de longueur; les premières servent à ce quadrupède à gratter la terre pour former son terrier, et à porter les alimens à sa bouche; il se meut entièrement sur les jambes de derrière en faisant des bonds de sept à huit pieds de haut. On ne lui compte à chaque pied que trois doigts, dont celui du milieu excède considérablement en longueur et en force les deux autres; mais l'interne est d'une structure remarquable : en l'examinant de près on remarque qu'il est réellement divisé dans le milieu et même à travers l'orteil qui lui appartient, de manière que les deux parties paroissent avoir été séparées par un instrument tranchant.

La queue du kangurou est longue, épaisse à son origine, et se termine en pointe; il s'en sert pour se défendre, et porte avec cette arme des coups si violens, qu'ils seroient capables de casser la jambe d'un homme. Les habitans du pays considérèrent d'abord cette queue comme son unique moyen de défense; mais, ayant depuis chassé le kangurou avec des lévriers, ils ont reconnu qu'il se sert de ses griffes et de ses dents. Lorsqu'il est atteint et aboyé par les chiens, il se retourne; et, les saisissant avec ses pates de devant, il les frappe avec celles de derrière, qui sont extrêmement fortes, et les déchire à un tel point que les chasseurs sont souvent obligés de les ramener au chenil pour les faire panser de leurs blessures. Les chiens de la Nouvelle-Galles chassent et tuent le kangurou; mais ces animaux sont beaucoup plus forts et beaucoup plus féroces que nos lévriers.

Le kangurou se repaît ordinairement, à la manière des autres quadrupèdes, en se tenant sur ses quatre pates; il boit en lapant; dans l'état de captivité, il s'amuse à faire des bonds en avant, et à frapper la terre avec beaucoup de violence de ses pieds de derrière; dans cette circonstance, il paroît comme appuyé sur la base de sa queue. Il est une particularité qui distingue surtout cet animal, c'est la faculté qu'il a d'écarter à une distance considérable les longues dents incisives de sa mâchoire inférieure; cette singularité néanmoins s'aperçoit aussi dans le *mus maritimus*, animal d'une espèce distincte.

La femelle a une poche abdominale, semblable à celle du manicou, dans laquelle elle nourrit tous ses petits et les met à l'abri de toute espèce de danger. Dans l'état de nature les kangurous paissent par bandes de trente ou quarante, et l'un d'entre eux se place à une certaine distance pour faire le guet. D'après Labillardière, il y a tout lieu de croire que ce sont des animaux nocturnes; ils ont l'œil fourni de membranes clignotantes situées à l'angle interne, et susceptibles de s'étendre au gré de ces quadrupèdes, de manière à couvrir toute l'orbite; ils vivent dans des terriers.

On prétend que la chair du kangurou est fort grossière; Bancks, néanmoins, la compare à d'excellent mouton; mais il convient qu'elle n'est pas aussi délicate que celle qu'il a souvent vue au marché de Loadenhall.

Les kangurous peuvent être considérés, maintenant, comme à peu près naturalisés en Angleterre : plusieurs de ces animaux ayant été long-temps gardés dans les domaines royaux de Richemond, leurs femelles y ont mis bas, et ce sera, suivant toutes les apparences, une acquisition très-importante pour ce pays.

Il y avoit des kangurous vivans dans les jardins de la Malmaison.

A Londres, dans les salles d'exposition à Exeter-Change, un naturaliste fut témoin d'une lutte de ce beau quadrupède avec son gardien, pendant l'espace de dix à quinze minutes; il montra beaucoup d'intrépidité et de sagacité : il se tournoit en tous sens pour faire face à son adversaire; épiant avec soin l'occasion de le toucher, et quelquefois le colletant avec ses pates de devant, tandis que celles de derrière étoient occupées à lui frapper les cuisses; la lutte terminée, le kangurou se présenta de nouveau pour renouveler l'attaque, et ne retourna dans sa loge que lorsqu'on eut amené sa femelle pour le déterminer à rentrer.

On présume que la nourriture de ces quadrupèdes, dans leur état sauvage, se compose principalement d'herbages; mais on donne à ceux des ménageries du pain, du son, du foin, de l'orge et des choux.

PLANCHE VII.

CHASSE AUX CERFS ET AUX DAIMS.

« Voici, dit Buffon, l'un de ces animaux innocens, doux et tranquilles, qui ne semblent être
» faits que pour embellir, animer la solitude des forêts, et occuper loin de nous les retraites
» paisibles de ces jardins de la nature. Sa forme élégante et légère, sa taille aussi svelte que
» bien prise, ses membres flexibles et nerveux, sa tête parée plutôt qu'armée d'un bois vivant,
» et qui, comme la cime des arbres, tous les ans, se renouvelle ; sa grandeur, sa légèreté,
» sa force, le distinguent assez des autres habitans des bois ; et comme il est le plus noble
» d'entre eux, il ne sert aussi qu'aux plaisirs des plus nobles des hommes ; il a dans tous les
» temps occupé le loisir des héros : l'exercice de la chasse doit succéder aux travaux de la
» guerre, il doit même les précéder : savoir manier les chevaux et les armes, sont des talens
» communs au chasseur, au guerrier : l'habitude au mouvement, à la fatigue, l'adresse,
» la légèreté du corps, si nécessaires pour soutenir et même pour seconder le courage, se
» prennent à la chasse, et se portent à la guerre ; c'est l'école agréable d'un art nécessaire ; c'est
» encore le seul amusement qui fasse diversion entière aux affaires, le seul délassement sans
» mollesse, le seul qui donne un plaisir vif sans langueur, sans mélange et sans satiété. »

Cet animal est le plus beau de l'espèce des ruminans : l'élégance de ses formes, la flexibilité

Chasse aux Daims.

de ses membres, et la grandeur de sa ramure, lui donnent une supériorité marquée sur tous les autres habitans des forêts. La tête du mâle seulement est armée de bois qui tombe vers la fin de février ou au commencement de mars : pendant les premières années on n'aperçoit sur celle des jeunes cerfs qu'une petite protubérance couverte d'une peau mince et velue ; la seconde année leurs cornes sont droites et isolées ; l'année suivante, elles produisent deux branches ou andouillers, et il en pousse une nouvelle tous les ans, jusqu'à ce qu'ils en ayent six ; ces animaux alors peuvent être regardés comme parvenus à leur dernière croissance. Lorsque le cerf met bas sa tête, il s'enfonce dans les endroits les plus retirés, et ne mange que la nuit ; sans quoi les mouches s'attacheroient à la peau tendre ou à la tumeur qui occupe la place du bois, et causeroient à l'animal un tourment continuel : cette tumeur grossit de jour en jour, jusqu'à ce qu'il pousse à chacun de ses côtés un andouiller qui, ayant acquis de la force, prend le nom de dague. Le cerf fait tomber la peau velue qui le couvre, en se frottant contre les arbres.

Ces animaux marchent par troupes, et pâturent en troupeaux de plusieurs femelles avec leurs petits, à la tête desquels est un mâle ; ils aiment tant à se repaître en bandes, que le danger seul peut les obliger à se séparer. On a raconté des exemples extraordinaires de la longévité du cerf ; mais des observations récentes ont rendu probable que ce quadrupède ne vit guère plus de cinquante ans.

La biche produit rarement plus d'un petit à la fois, et elle met bas vers la fin de mai ou au premier de juin. Elle est obligée de prendre les plus grandes précautions pour cacher sa chère géniture, parce que l'aigle, le faucon, l'orfraie, le loup, le chien, et toute la série de

l'espèce féline sont continuellement occupés à chercher sa retraite; le cerf, lui-même, est
l'ennemi de ses petits, et sa femelle prend autant de soin de les dérober à sa connoissance
qu'à celle de ses plus dangereux ennemis; elle se montre, à cette époque, douée d'un courage
extraordinaire; elle emploie la force pour défendre ses nourrissons contre ses adversaires les
moins formidables, et lorsqu'ils sont poursuivis par les chasseurs, elle a recours à la ruse
pour les détourner de l'objet principal de sa tendresse, et leur faire prendre le change. On
a vu des exemples de biches qui se sont fait chasser devant une meute de chiens pendant
des heures entières, et sont ensuite revenues vers leurs faons, après leur avoir sauvé la vie
au péril de la leur.

La chair du cerf est assez bonne à manger; sa peau est employée à différens usages : son
bois, quand il est parvenu à sa maturité, est solide et sert à faire des manches de couteau.
C'est de cette substance qu'on obtient le sel volatil de corne de cerf, ou le carbonate ammo-
niacal.

Le cerf, en mettant le pied sur un terrain qui lui est inconnu, ou en quittant ses forêts
natales, se tient à la lisière de la plaine, pour examiner tout ce qui l'environne; il se tourne
ensuite contre le vent pour s'assurer, par le flair, s'il est loin de tout ennemi. Si quelqu'un
vient à siffler ou à appeler au loin, ce quadrupède s'arrête tout court, et considère l'étranger
avec une sorte d'admiration stupide; et, s'il n'aperçoit ni chiens ni armes à feu, il s'avance
à pas lents en affectant un air d'indifférence. L'homme n'est pas l'adversaire dont il a le
plus de peur; il semble au contraire aimer beaucoup à entendre le flageolet du berger, dont
on se sert quelquefois pour le séduire et causer sa destruction.

On prétend que les cerfs, en traversant une rivière, montent les uns sur la croupe des autres ; que, quand le chef de file est fatigué, il passe à la queue du troupeau, et que celui qui se trouvoit après lui prend sa place. Ils nagent avec beaucoup de facilité, et Pontoppidam assure qu'on a vu quelquefois des mâles traverser un bras de mer pour chercher des biches, et aller d'une île à l'autre, quoiqu'elles fussent éloignées de quelques lieues.

Le cerf est très-délicat dans le choix de sa nourriture, qui se compose principalement d'herbes, de jeunes branches ou de boutons de différens arbres ; il semble cependant ruminer avec beaucoup plus de difficulté que la brebis ; car l'herbe remonte avec beaucoup de peine à son premier estomac, et ce n'est pas sans une espèce de hoquet qui dure tant que la rumination a lieu : ce hoquet semble provenir de ce qu'il a le cou très-long et l'œsophage fort étroit. Les animaux de l'espèce du bœuf et de la brebis ont en effet ce dernier beaucoup plus large.

PLANCHE VIII.

CHASSE A L'OURS BLANC.

Les ours blancs ont une apparence monstrueuse, et sont d'une longueur extraordinaire. Leur tête est effrayante, et leur poil court et épais. Les contrées désolées qu'ils habitent ne peuvent leur fournir une nourriture suffisante ; aussi, la faim les rend si féroces qu'ils attaquent hardiment un bateau chargé de plusieurs hommes. Ils nagent fort long-temps ; mais ils quittent rarement le rivage de la mer, où ils se nourrissent de poisson.

Quand les pêcheurs de baleines ou d'autres navigateurs les aperçoivent sur le rivage, ou les voient flotter sur des masses de glace, ils laissent rarement échapper l'occasion de les tuer pour s'emparer de leur peau ; quand on les surprend ainsi, sans moyen d'échapper aux armes des assaillans, ils deviennent une proie facile à obtenir.

Cet animal, célèbre depuis long-temps par les récits exagérés de sa férocité, étoit mal connu des naturalistes avant Pallas ; il n'en existe de figures exactes que dans les ouvrages très-modernes de MM. Cuvier, Geoffroy et Lacépède. Il paroît qu'il devient plus grand que l'ours commun. Les Hollandais, de la troisième expédition pour la recherche d'un passage aux Indes par le nord, qui passèrent un hiver à la Nouvelle-Zemble, et qui furent cruellement tourmentés par les animaux de cette espèce, prétendent en avoir tué un dont la peau avoit treize pieds de longueur. Celui, vu au Muséum à Paris, avoit cinq pieds sept pouces depuis

Chasse à l'Ours blanc.

le museau jusqu'à l'anus. Le corps, et surtout le cou de l'ours blanc, sont plus allongés en raison de ce que sa tête plus mince est plus plate que dans l'ours commun; son front est presqu'en ligne droite avec le nez, et comme il est plus étroit à proportion, tandis que le museau est plus gros, la tête paroît tout d'une venue. Les oreilles sont beaucoup plus courtes et plus arrondies; mais le caractère spécifique le plus frappant consiste dans la longueur proportionnelle de la main et du pied, qui est beaucoup plus considérable que dans l'ours brun. Le pied de derrière de celui-ci fait à peine le dixième de son corps, tandis que dans l'ours blanc il en fait le sixième. Cette différence vient en partie de ce que l'ours brun n'appuie pas aussi complétement le talon à terre que le blanc.

Le poil de l'ours blanc est plus fin, plus doux, plus laineux que celui de l'ours brun; il est aussi plus court à la tête et à la partie supérieure du corps; mais celui du ventre et des jambes devient fort long. Ce poil est d'un assez beau blanc en toute saison: mais cette différence seule ne suffiroit pas pour distinguer cet ours; car l'espèce de l'ours brun a aussi plusieurs individus blanchâtres, ou même entièrement blancs: on en trouve surtout de tels dans les pays du nord pendant l'hiver. Son odorat est beaucoup meilleur que sa vue. Il nage bien et plonge long-temps. Sa démarche ressemble à celle de l'ours brun; il sait s'élever sur ses pieds de derrière et rester assez long-temps dans cette situation. Sa course est assez rapide lorsqu'il est nécessaire. Dans l'état de repos, son attitude ordinaire est d'être assis sur les jambes postérieures, de tenir les antérieures droites et la tête pendante au bout de son long cou. Ceux que nous avons observés vivans à la Ménagerie du Muséum de Paris, avoient, plus que tous les autres quadrupèdes en captivité, un mouvement singulier et perpétuel de *va* et *vient*, de la tête et du cou, de haut en bas et de bas en haut; ce mouvement étoit d'une monotonie fatigante pour les spectateurs, et étoit plus marqué et plus habituel dans l'ours blanc originaire des régions glacées du pôle, que dans tous les autres individus de la Ménagerie, probablement par le peu de rapport qu'il y avoit entre son existence captive et celle qu'il auroit du avoir. C'est peut-être, de tous les quadrupèdes, celui qui craint le plus la chaleur. L'individu que Pallas a observé ne pouvoit souffrir de demeurer dans la maison, même en hiver, quoique ce fût à Krasnojarsk, en Sibérie, où le climat est assez rude. Il prenoit le plus grand plaisir à se rouler dans la neige. Au Muséum de Paris, on jetoit chaque jour, hiver et été, soixante ou quatre-vingts seaux d'eau sur l'ours blanc pour le rafraîchir.

La mer, dont ces ours habitent les bords, leur fournit une nourriture abondante, par les cadavres de cétacés et de poissons qu'elle rejette. Ils vont aussi attaquer les phoques aux trous de la glace, où les amphibies sont forcés de venir de temps en temps prendre leur respiration. On dit même qu'ils osent attaquer les morses ou vaches marines, lorsqu'elles sont à terre; ils n'oseroient pas le faire dans l'eau, où les morses ont toute liberté dans leurs mouvemens; et même lorsque les ours sont parvenus à les vaincre, ils trouvent encore beaucoup de peine à les dépecer à cause de la dureté de leur peau. Les ours se jettent en troupes sur les colonnes de poissons qui arrivent à certaines époques dans les différens golfes, et c'est alors qu'ils font la meilleure chère.

Ils n'aiment pas beaucoup la chair des quadrupèdes terrestres, et on en a vu souvent en Sibérie passer près des troupeaux sans leur faire de mal; mais lorsque la faim les presse, ils mangent de tout, et ceux qui viennent en Islande, y attaquent quelquefois le bétail.

C'est surtout au sortir de leurs retraites d'hiver qu'ils sont cruels, parce qu'ils sont affamés; mais en tout autre temps, sans être lâches, ils ne sont point dangereux, à moins qu'ils n'aient à défendre leurs petits, ce qu'ils font avec beaucoup d'audace. Il ne faut qu'un peu d'adresse pour en venir à bout. Lorsqu'ils sont élancés, il suffit de se détourner un peu, et de les percer par le flanc. Les peuples de la Sibérie quoique mal armés sont sûrs de les vaincre de cette manière. (*Voyez la planche.*) Mais si on les attaque en face, comme ils sont très-vigoureux, et qu'ils combattent sur leurs pieds de derrière, ils ont beaucoup d'avantage. Ce qu'ils craignent le plus sont les coups sur le museau qui paroît être très-sensible; ils se laissent aussi facilement effrayer par le bruit des trompettes, des armes à feu, par les clameurs des hommes, et surtout, selon les chasseurs, par la vue de leur propre sang sortant de leurs blessures.

Tandis que l'ours terrestre aime les forêts, ne se montre pas volontiers dans les lieux découverts, et n'entre dans l'eau que lorsqu'il est forcé de fuir, l'ours polaire habite plus sur la glace et dans l'eau qu'à terre, et c'est surtout en nageant qu'il cherche sa proie. Il ne fréquente guère que les côtes de l'Océan glacial, et ne descend pas même sur les côtes orientales de la Sibérie, ni au Kamschatka; et quoiqu'on le trouve sur la côte septentrionale de l'Amérique et à la baie d'Hudson, il n'habite point les îles entre l'Amérique et la Sibérie. Il y en a beaucoup dans le Spitzberg, et il en vient quelquefois, portés par les glaces, sur les côtes d'Islande et de Norwège; mais c'est un malheur pour eux, les habitans font une garde exacte, et ont grand soin de les détruire sitôt qu'ils les aperçoivent. Pendant les longues nuits du commencement et de la fin de l'hiver, ils s'écartent quelquefois des rivages; mais jamais ils n'y passent l'été dans les terres, et ils n'arrivent jamais jusqu'aux régions boisées situées au sud du cercle arctique, tandis que l'ours brun craint de s'élever au nord de ce cercle. La partie de la Sibérie, où l'on trouve le plus d'ours blancs, est celle qui est située entre les embouchures de la Léna et du Jénissea. Il y en a moins entre ce dernier fleuve et l'Obi, et entre l'Obi et la mer Blanche, parce que, la Nouvelle-Zemble leur offrant un asile commode, ils ne viennent guère jusqu'au continent. On n'en voit point sur les côtes de la Laponie.

C'est au mois de septembre que l'ours blanc, surchargé de graisse, cherche un asile pour l'hiver. Il se contente pour cela de quelques fentes pratiquées dans les rochers ou même dans des amas de glaces : il s'y prépare un lit, s'y couche, et s'y laisse ensevelir sous d'énormes masses de neige. Il y passe les mois de janvier et février dans une véritable léthargie. Les mâles quittent leurs demeures à la fin de mars ; les femelles n'en sortent qu'au mois d'avril ; quoiqu'ils ayent été au moins cinq mois sans aucune nourriture, ils sont encore passablement gras après ce long jeûne. Ceux qu'on tient en captivité ne sont point sujets à ce sommeil d'hiver. C'est dans leur asile d'hiver et au mois de mars que les femelles mettent bas. Elles portent, par conséquent, au moins six ou sept mois. Le nombre de leurs petits est ordinairement de deux ; ils suivent leur mère partout, et vivent de son lait jusqu'à l'hiver qui suit leur naissance ; on dit même que la mère les porte sur son dos lorsqu'elle nage. A cet âge, le poil est plus fin et plus blanc, il jaunit toujours plus ou moins, dans les adultes. La chair de l'ours polaire est mangeable ; mais la graisse a une odeur très-forte de poisson. Ce que dit le capitaine Ross dans sa Relation des voyages de découvertes, faits par ordre de l'amirauté d'Angleterre pour reconnoître la baie de Baffin, confirme ce qui est dit ci-dessus sur l'ours blanc et sur ses habitudes. Une des planches de son ouvrage représente un de ces ours à l'angle d'une énorme montagne de glaces, se précipitant dans les eaux d'un point assez élevé, et probablement pour y chercher un proie assurée. On ne conçoit pas comment il est possible à un pareil quadrupède de remonter ensuite sur un de ces rochers flottans, dont les flancs sont perpendiculaires. Quelque bon nageur que soit l'ours polaire, nous ne présumons pas qu'il puisse tenir la mer pendant une journée entière, et, dans plus d'une circonstance, il lui faudroit au moins ce temps pour reprendre terre.

3.

PLANCHE IX.

CHASSE DE L'ÉLAN.

Eu égard à sa taille, l'élan est placé au premier rang de l'espèce. On le trouve en beaucoup de parties du monde ; mais il est plus grand en Asie et en Amérique, qu'en Europe. Cet animal atteint quelquefois la hauteur de dix-sept paumes, et le poids de 1230 livres. Il abonde principalement en Suède, en Sibérie, au Canada, et c'est le même que les Américains appellent *cerf d'Amérique*. Il prend ses repas principalement la nuit, et se nourrit de feuillage et de jeunes branches d'arbre. Ses mœurs sont extrêmement douces et paisibles : cependant il se défend avec beaucoup de courage, et on l'a vu tuer un loup d'un seul coup de son pied de devant.

La chasse de l'élan est, pour le peuple de l'Amérique septentrionale, un objet d'un grand intérêt et de beaucoup de préparation. On commence à cerner une grande partie de terrain circonvoisin des lacs, par le moyen des chiens ; leurs aboiemens font lever l'élan renfermé dans cette enceinte, et qui, voyant qu'il ne sauroit échapper par terre, se tourne du côté de l'eau, où il est reçu par une autre espèce d'ennemis, dont les canots qui s'étendent en forme de croissant, comprennent un espace considérable ; et pendant qu'il nage, il est immolé à coup de lance et de massue. Souvent aussi on le prend dans des piéges, où il est chassé par le bruit que font les sauvages.

Chasse à l'Élan.

On a remarqué que l'élan, quand on le fait lever pour la première fois, se repose à terre quelques secondes, comme si les forces lui manquoient absolument. C'est là, sans doute, l'effet de la frayeur. C'est un moment d'un prix inestimable pour le chasseur; car, ce moment passé, cet animal prend la fuite avec une extrême rapidité, et ne s'arrête pas avant d'avoir arpenté vingt ou trente milles. On dit qu'il se met à genoux pour manger et boire; et, ce qui rend ce fait assez probable, c'est la longueur de ses jambes de devant et le peu d'étendue de son cou.

M. Henriot, dans ses Voyages au Canada, a donné un portrait intéressant de cet animal dans une gravure qui le représente absolument différent de ceux que l'on voit dans les livres d'histoire naturelle. On décrit le front de l'élan comme courbe et d'une largeur disproportionnée; on lui donne des narines d'une assez grande capacité pour contenir la moitié du bras d'un homme. Ses bois sont aussi longs que ceux d'un cerf, mais beaucoup plus larges, et ils se renouvellent de la même manière. Ses oreilles sont singulièrement longues et pointues, elles tiennent de celles de l'âne; son poil est d'un mélange de gris obscur et de rouge vif; il devient plus rare avec l'âge, mais il ne perd jamais de sa propriété élastique. C'est quand la terre est ensevelie sous une neige épaisse que les chasseurs le prennent le plus facilement.

Cet animal est souvent plus gros et plus grand que le cheval; mais la hauteur de ses jambes, le volume de son corps, auquel on n'aperçoit pas de queue, le peu d'étendue de son cou, et la longueur extraordinaire de sa tête et de ses oreilles, rendent sa structure lourde et grossière. Le poil du mâle est noir à l'extrémité, d'un gris cendré au milieu, et parfaitement blanc à sa racine; celui de la femelle est d'un gris cendré, mais blanchâtre sous la gorge, le ventre et les flancs. La lèvre supérieure des élans est large, profondément sillonnée et pendante sur la bouche ; leur nez est long et leurs narines fort ouvertes. Le bois, qui ne se trouve que sur la tête des mâles, est dépourvu d'andouillers, et ses empaumures présentent beaucoup de surface ; il tombe tous les ans, et on en a vu qui pesoient plus de soixante livres.

Les jambes de ces quadrupèdes sont si hautes, et ils ont proportionnellement le cou si court, qu'il leur est impossible de paître sur un terrain uni, et qu'ils sont obligés de brouter l'extrémité des branches dont la tige est élevée, et des feuilles ou des branches d'arbres.

Le pas des élans est une espèce de trot fort élevé, et tous leurs mouvemens, ainsi que toutes leurs attitudes, paroissent excessivement gauches. Ces animaux lèvent le pied très-haut en marchant, et peuvent sauter aisément par-dessus une barrière de cinq pieds de haut. Comme ils ont l'ouïe très-fine, il est difficile de les atteindre ; dans l'été, les sauvages n'ont d'autres moyens de les tuer, que de se glisser derrière des arbres ou des buissons, jusqu'à ce qu'ils n'en soient plus éloignés que de la portée du fusil. En hiver, saison où la neige est si dure dans le Nord, que les gens du pays peuvent marcher dessus avec des raquettes, ils les dépassent souvent à la course ; car ces animaux ont les pieds fort tendres et l'haleine courte ; leurs longues jambes s'enfoncent dans la neige à chaque pas, et les enterrent jusqu'au ventre ; quelquefois cependant les chasseurs mettent deux jours à les atteindre. Dans cette espèce de chasse, les sauvages ne prennent avec eux qu'un couteau ou qu'une baïonnette, et un petit sac contenant les objets nécessaires pour allumer du feu : lorsque les élans sont excédés de fatigue, et qu'ils ne peuvent plus marcher, ils s'arrêtent pour faire face à leurs ennemis, et les éloignent d'eux avec leurs bois et leurs pieds de devant. (*Voyez planche XI.*) Ils se servent de ces derniers avec tant d'adresse, qu'ils tuent un chien ou un loup du premier coup. Les Indiens sont généralement obligés de fixer leurs couteaux ou leurs baïonnettes au bout d'un bâton, et de poignarder ces animaux à une certaine distance. Ceux qui négligent cette précaution et se jettent sur eux, s'exposent à recevoir des coups très-violens. Lorsque les élans sont blessés, ils deviennent furieux, se jettent sur le chasseur, et cherchent à l'abattre pour le fouler aux pieds : dans ce cas, les chasseurs abandonnent leurs habits à la vengeance de ces animaux irrités, et s'échappent en grimpant sur des arbres.

Dans les grandes chaleurs, les élans fréquentent les rivières et les lacs, et se plongent dans l'eau pour se soustraire aux piqûres des moustiques et autres insectes qui les tourmentent dans l'été ; souvent les sauvages les tuent pendant qu'ils traversent les fleuves, ou qu'ils se rendent, en nageant, de la terre ferme dans quelque île : quand ils sont poursuivis dans cette situation, ce sont les plus innocens des animaux. Les jeunes élans sont si simples, si stupides en nageant, que M. Héarne a vu un sauvage courir à l'un d'eux avec son canot, et lui toucher la tête sans qu'il fît la moindre résistance ; le pauvre animal paroissoit aussi content près de ce canot que s'il eût nagé auprès de sa mère, et regardoit de l'œil le moins défiant ceux qui étoient à la veille de l'immoler ; il se servoit à chaque instant de ses pieds de devant pour chasser de ses yeux les moustiques dont le nombre étoit alors prodigieux autour de lui. Quelquefois, un parti considérable de sauvages se réunit dans leurs canots, et forme un vaste fer-à-cheval vers les rives d'un fleuve ou d'une rivière ; des corps détachés vont ensuite dans les bois, et, après avoir entouré une grande quantité de terrain, ils lâchent leurs chiens, et courent en poussant de grands cris près du rivage. Ces animaux épouvantés fuient devant les chasseurs vers le fleuve, se jettent dans l'eau, et les Indiens qui les attendent dans leurs pirogues les tuent à coups de lance ou de massue.

Les sauvages plantent aussi, dans une vaste pièce de terrain, des pieux enlacés de branches d'arbre, et forment avec ces palissades les deux côtés d'un triangle, dont le bas donne dans un second enclos parfaitement triangulaire; ils tendent ensuite à l'ouverture de ce second triangle des lacets faits de cuir mou : les élans sont poussés dans le premier triangle par des personnes placées dans le bois, et quelques uns de ces animaux, en cherchant à se faire un passage dans le second triangle, sont pris par le cou ou par l'armure. Ceux qui échappent au piége, et traversent l'ouverture de ce triangle, sont assaillis d'une grêle de flèches de toutes parts, et succombent sous les traits des chasseurs.

Il paroît qu'on peut apprivoiser ces quadrupèdes avec beaucoup de facilité; il en est qui suivent leur gardien à une distance considérable de la maison, et reviennent avec lui sans essayer en aucune manière de s'échapper.

Il paroît, d'après les Transactions de la Société de New-Yorck, qu'on est parvenu à rendre l'élan très-utile aux travaux de l'agriculture. M. Livington, président de cette société, a fait mettre deux de ces animaux à la charrue, et quoiqu'ils n'eussent encore porté le mors que deux fois, ils paroissoient aussi dociles que des poulains du même âge; ils employoient toutes leurs forces pour tirer, et marchoient d'un pas très-assuré. Ils paroissoient avoir la bouche fort tendre, et il falloit beaucoup de précautions pour empêcher que le mors ne leur blessât les barres; aussi, après différens essais, on est parvenu à reconnoître que les élans peuvent être utiles comme bêtes de trait : ce sera une acquisition fort avantageuse pour les Américains

Comme ces animaux ont le trot fort rapide, il est probable qu'attelés à de légères voitures, ils dépasseroient le cheval; ils sont aussi moins délicats sur leur nourriture que cet animal; les femelles ont d'ailleurs plus de lait qu'aucune bête de somme. Lorsqu'un élan se réveille en sursaut, et qu'il cherche à s'échapper, il lui arrive quelquefois de tomber, et de paroître comme privé de tous ses mouvemens. On ne sait si cela provient d'une attaque d'apoplexie ou d'un mouvement de frayeur. Ce fait, néanmoins, est trop authentique pour qu'il puisse y avoir le moindre doute sur sa réalité : cette particularité a donné lieu à une superstition populaire qui attribue au sabot de ce quadrupède la vertu d'un remède contre l'apoplexie. Les sauvages sont très-persuadés que l'élan a le pouvoir de se guérir de cette maladie, et d'en empêcher le retour, en se grattant l'oreille avec ses sabots, jusqu'à ce qu'il y fasse venir le sang. Le père Charlevoix dit que ces hommes simples regardent l'élan comme un animal d'heureux présage, et que penser à lui, dans ses rêves, c'est un signe de longue vie.

PLANCHE X.

CHASSE DU ZÈBRE.

Le zèbre est un animal sauvage que les naturalistes rangent dans la classe du cheval : il est plus grand que l'âne et bien plus élégant dans ses formes. Il est ou d'un blanc de lait, ou couleur de crème, rayé de longues bandes noires ou brunes, qui descendent transversalement sur ses reins et sur son corps, et perpendiculairement sur sa figure. Elles sont rangées dans un ordre parfait et fort agréable. Cet animal est originaire d'Afrique, et se trouve en vastes troupes, depuis l'Éthiopie jusqu'au cap de Bonne-Espérance. On prétendoit que le zèbre est d'un caractère intraitable, et quelques efforts que l'on ait tentés pour l'apprivoiser, qu'on n'avoit jamais pu y parvenir, et que même, quand on le prend jeune et qu'on l'élève avec le plus grand soin, il conservoit un caractère si sauvage et si vicieux, que l'on avoit désespéré de rendre jamais cette belle race utile à l'humanité. Cependant, celui apporté par le capitaine Baudin à l'impératrice Joséphine, et depuis conduit à la ménagerie du Muséum, à Paris, étoit fort doux, et se laissoit conduire, approcher et monter aussi facilement qu'un cheval bien dressé.

De même que l'âne sauvage, le zèbre est extrêmement inquiet et léger. Il craint tellement l'approche de l'homme, qu'à sa première vue, il fuit avec la dernière rapidité.

Chasse au Zèbre.

M. Levaillant, dans son second voyage en Afrique, rencontra une troupe de ces animaux, la poursuivit, et nous en donne ainsi le détail : « Une seule femelle, ou moins effrayée ou trop fatiguée pour monter la hauteur, se sépara de la troupe, et continua de fuir à travers la
» vallée. Jusque-là, j'avois contenu mes chiens, quoiqu'avec peine ; mais quand nous fûmes
» assez près de l'animal pour le chasser, je les lâchai, et bientôt ils l'eurent atteint. Jager,
» particulièrement, étoit si près, que de temps en temps il lui enfonçoit ses dents dans
» les jambes ou les cuisses. Comme c'étoit le plus fort et le plus courageux de ma meute,
» à chaque coup il emportoit le morceau. Le jeune Vander-Werthuysen et moi, nous
» suivions la chasse à cheval ; derrière nous étoient mes Hottentots à pied. Enfin nous
» enveloppâmes l'animal. Je terminai la chasse en lui jetant au cou une corde avec un
» nœud coulant. »

Voici la description qu'en donne Buffon, et que nous ferons suivre de quelques autres observations.

« Le zèbre est peut-être, de tous les animaux quadrupèdes, le mieux fait et le plus
» élégamment vêtu ; il a la figure et les grâces du cheval, la légèreté du cerf, et la robe rayée de
» rubans noirs et blancs, disposés alternativement avec tant de régularité et de symétrie, qu'il
» semble que la nature ait employé la règle et le compas pour la peindre : ces bandes
» alternatives de noir et de blanc, sont d'autant plus singulières, qu'elles sont étroites,
» parallèles, et très-exactement séparées, comme dans une étoffe rayée ; que d'ailleurs elles
» s'étendent non seulement sur le corps, mais sur la tête, sur les cuisses et les jambes, et
» jusque sur les oreilles et la queue ; en sorte que de loin cet animal paroît comme s'il étoit

» environné partout de bandelettes qu'on auroit pris plaisir et employé beaucoup d'art à
» disposer régulièrement sur toutes les parties de son corps ; elles en suivent les contours,
» et en marquent si avantageusement la forme, qu'elles en dessinent les muscles en s'élar-
» gissant plus ou moins sur les parties plus ou moins charnues, et plus ou moins arrondies.
» Le zèbre est en général plus petit que le cheval, et plus grand que l'âne ; et quoiqu'on l'ait
» souvent comparé à ces deux animaux, qu'on l'ait même appelé *cheval sauvage* et *âne rayé*,
» il n'est la copie ni de l'un ni de l'autre, et seroit plutôt leur modèle, si dans la nature tout
» n'étoit pas également original, et si chaque espèce n'avoit pas un droit égal à la création. »

Malgré l'assertion de Buffon, rien ne ressemble plus au cheval, pour la forme du corps, que
le zèbre, en même temps que rien n'en diffère davantage pour la couleur. Même configuration
générale, même forme de dents, de jambes, de pieds, de croupe, de poitrail caractérisent
ces deux animaux. Le zèbre a seulement le cou un peu plus court et plus gros ; la tête, et
surtout les oreilles un peu plus longues à proportion que le cheval, et plus voisines de celles
de l'âne. Sa queue le rapproche encore plus de ce dernier animal, en ce qu'elle n'est garnie
de longs crins qu'au bout seulement ; mais un point de forme qui distingue également le zèbre
du cheval et de l'âne, c'est l'espèce de fanon court produit sous sa gorge par un prolongement
lâche de sa peau.

Le fond du pelage du zèbre est partout d'un blanc légèrement teint de jaunâtre. Le tour du
museau est tout entier d'un brun noirâtre ; les lignes qui occupent le chanfrein sont rousses
et non pas noires, ainsi que celles des côtés de la bouche ; l'oreille est rayée irrégulièrement
de blanc et de noir, à sa moitié inférieure ; l'autre moitié est noire, excepté le petit bout qui

est blanc. Toute la face concave est revêtue de poils gris blancs. Les bandes de tout le reste du corps sont alternativement noires et blanches dans le mâle ainsi que dans la femelle.

Les Romains, qui ont connu tant d'animaux rares d'Ethiopie, n'ont point fait mention détaillée de celui-ci. Un seul passage de Xiphilin, dans son Abrégé de l'Histoire de Dion Cassius, livre LXVII, article de Caracalla, dit que cet empereur fit paroître et tuer, dans le Cirque, l'an de Rome 661, un éléphant, un rhinocéros, un tigre et un *hippo-tigre*. Ce nom de *tigre-cheval* ne peut guère convenir qu'au zèbre.

PLANCHE XI.

CHASSE DU LÉOPARD.

Le léopard est principalement distingué de la panthère par sa couleur d'un jaune moins vif, sa taille moins forte, et ses tachetures plus rapprochées. Ses manières ressemblent, à tous égards, à celles de la panthère; il habite le même pays. Il est très-commun dans la Basse-Guinée, où il commet d'affreux ravages parmi les troupeaux. Les naturels prennent cet animal féroce, principalement par le moyen des piéges, et mangent sa viande qui ressemble assez à celle du veau. Les femmes font avec ses dents des bracelets et des parures.

Les léopards sont aussi fort nombreux dans l'Inde; mais rarement ils attaquent l'homme. Dans la destruction des animaux inférieurs, cependant, ils déploient un génie remarquable; ils sont tout-à-fait singuliers dans leurs attaques, et tuent plus pour leur plaisir, que pour leur nourriture. Ils ont aussi un grand goût pour monter aux arbres, et c'est souvent dans cette situation que les tue le peuple indien. Ils cherchent rarement leur nourriture pendant le jour; et, pour leurs habitudes et leurs dispositions, ils tiennent plutôt du chat que d'aucune autre bête féline : car, à moins qu'il ne soit pressé par la faim, il attaque plutôt les petits animaux, comme la chèvre, le mouton et la volaille, que le bœuf.

La planche représente M. Levaillant au moment où il tire un léopard qui vient de tuer une

Chasse à l'Antilope.

gazelle. Le fait est raconté en peu de mots dans son premier ouvrage des Voyages d'Afrique.

Le léopard a environ quatre pieds de long, sans compter la queue qui est ordinairement de deux pieds; il a un très-beau pelage fauve, marqué de taches noires et annelées. On le trouve principalement au Sénégal, près de la côte de Guinée, et dans les parties intérieures de l'Afrique. Il se plaît dans les bois les plus fourrés, dans les forêts les plus impénétrables, et fréquente les bords des rivières, pour surprendre les animaux qui vont s'y désaltérer. Il habite aussi quelques contrées de la Chine, et les montagnes du Caucase, depuis la Perse jusqu'à l'Inde.

Kolbe nous apprend que dans l'année 1708, deux léopards, mâle et femelle, avec trois petits, entrèrent un jour dans un parc de brebis, au cap de Bonne-Espérance. Ces premiers y étranglèrent près de cent moutons, et s'enivrèrent de leur sang; leur soif du carnage apaisée, ils dépecèrent le corps d'un mouton en trois parts, qu'ils distribuèrent à leurs petits; le père et la mère se chargèrent chacun d'une brebis, et se retirèrent. Les gens du pays, les ayant observés, leur tendirent des piéges à leur retour, et tuèrent la femelle avec les trois petits; mais le mâle parvint à s'échapper. Le même écrivain nous informe que leur chair est blanche et nourrissante, qu'elle a même plus de saveur que le meilleur veau. Les nègres prennent souvent ces animaux dans des fosses légèrement couvertes de claies et de feuillages, et se régalent de leur chair.

Il existe une variété de cette espèce, appelée le léopard chasseur, qui est à peu près de la taille d'un lévrier. Sa robe est d'une couleur brune, légèrement foncée, et marquée, comme celle des premiers, de taches noires et rondes. Cet animal, qui habite principalement dans l'Inde, s'apprivoise facilement, et on l'emploie alors à la chasse des gazelles ou antilopes, ainsi que la panthère, dont nous avons parlé plus haut. Pour cet effet, on le transporte dans une espèce de petite cariole, enchaîné et encapuchonné, de peur qu'en voyant le troupeau il ne se montre trop empressé, et ne fasse un mauvais choix. Lorsqu'il est mis en liberté, il ne saute pas immédiatement sur sa proie ; mais il fait des détours, et s'arrête par intervalles, en ayant soin de se tenir en embuscade, jusqu'à ce qu'une occasion favorable se présente. Il s'élance alors sur le troupeau avec une vitesse étonnante, et l'atteint aussitôt par la rapidité de ses bonds. Si, néanmoins, dans le premier assaut, qui consiste en cinq ou six bonds prodigieux, il ne réussit pas dans son entreprise, il s'arrête tout essoufflé, et reste un instant à reprendre haleine ; puis, renonçant pour le moment à toute attaque, il revient auprès de son maître.

Le léopard, le tigre, l'once et la panthère se trouvent souvent confondus ensemble par les naturalistes, même les plus instruits ; et, à cet égard, il n'y a guère que le tigre qui, réellement, soit distingué des trois autres par la couleur de la peau, et les bandes qu'il y porte au lieu de taches, comme l'once, la panthère et le léopard. Ces trois derniers animaux, en effet, diffèrent très-peu ensemble, et encore ne paroissent-ils, tous trois être véritablement que des variétés du tigre : mêmes habitudes, mêmes mœurs, mêmes inclinations.

Les nègres regardent le léopard comme le roi des forêts. Lorsqu'ils en ont pris un, leur coutume est de le présenter à leur roi ; mais, d'après les idées africaines, comme il seroit injurieux pour un souverain qu'un autre souverain lui fût amené sans une résistance préalable, on prétend que les sujets du *roi nègre* vont au-devant du *roi quadrupède*, et livrent à ceux qui amènent le captif un combat simulé, que fait bientôt cesser un député chargé d'introduire dans la bourgade le léopard, et de le conduire en triomphe à la place du marché : là, on le dépouille de sa fourrure, on lui arrache les dents, que l'on porte en grande cérémonie au roi nègre. La chair est abandonnée au peuple, qui s'en fait un grand régal.

PLANCHE XII.

CHASSE DE LA GIRAFFE.

La Giraffe est, en histoire naturelle, une des plus extraordinaires productions de la nature.
Il n'y en a qu'une seule espèce. Quand cet animal a toute sa croissance, il atteint la hauteur
extraordinaire de dix-sept pieds. Sa tête est petite; son aspect agréable; le devant de son
corps est considérablement plus haut que le derrière, et les couleurs sont arrangées d'une
manière qui plait infiniment à l'œil. Nonobstant la prodigieuse longueur de son cou, sa
forme est remplie d'élégance. La giraffe est naturelle d'Afrique, où elle vit dans les forêts, et
se nourrit de feuillage. Cet animal est doux, et n'attaque jamais; au contraire, il fuit à la
moindre apparence de danger.

La giraffe fut introduite en Europe, dans les jeux du Cirque, par Jules-César; mais
l'auteur qui nous en a donné la description la plus soignée, est M. Levaillant, qui a écrit
les détails suivans sur la chasse d'un de ces animaux : « Nous marchions depuis quelques
» heures, lorsqu'au détour d'une colline, nous aperçûmes sept giraffes que mes chiens
» attaquèrent à l'instant même. Six s'enfuirent ensemble; la septième à qui mes chiens avoient
» coupé retraite, se sauvoit d'un autre côté. Bernfry étoit à pied, et conduisoit son cheval
» par la bride. En un clin d'œil il fut en selle, et se mit à la poursuite des six autres. Je pour-

Chasse à la Girafe.

» suivis la septième à bride abattue. Mais, en dépit de mes chiens, la giraffe me devança d'un
» tel point, qu'au détour d'une colline je la perdis de vue, et cessai de la suivre. Je n'eus pas plus
» tôt tourné cette éminence, que je la vis, entourée de mes chiens, tâcher, à force de ruades,
» de les écarter; je n'eus que la peine de mettre pied à terre, et je l'abattis d'un seul
» coup. »

Ce quadrupède extraordinaire ne se trouve guère que dans les déserts de l'Ethiopie, et autres
parties intérieures de l'Afrique; encore, a-t-il été vu si rarement par les voyageurs européens,
que souvent son existence a été mise en question, avant les relations intéressantes et détaillées
des voyageurs modernes. Sa tête ressemble à peu près à celle du chameau; mais elle est
pourvue de deux cornes étroites d'environ six pouces de haut. Chacune de ces protubérances
est émoussée et comme tronquée à son extrémité, et comme couverte d'une peau velue,
terminée par un pinceau de poil noir fort grossier. Les oreilles sont très-longues, ses yeux
grands, vifs et fort beaux. La giraffe, lorsqu'elle se tient parfaitement droite, porte seize à
dix-huit pieds de hauteur, depuis le sabot jusqu'à l'extrémité de ses cornes, et sa longueur,
depuis l'extrémité de son chanfrein jusqu'au bout de la queue, est d'environ vingt pieds. La
robe du mâle est d'un blanc sale, et marquée de différentes taches de rouille; les taches de
la femelle sont d'un fauve pâle.

Ces animaux paroissent être fort doux, et d'un naturel timide; lorsqu'ils sont poursuivis,
ils prennent un trot si rapide qu'un bon cheval a de la peine à les suivre, et ils continuent
long-temps de courir sans avoir besoin de repos : quand ils sautent, ils lèvent ensemble les
deux pieds de devant, et ensuite les deux de derrière, comme un cheval qui auroit les jambes

attachées. Ils se nourrissent principalement de feuilles d'arbres, surtout de celles d'une espèce particulière de *mimosa* fort commune dans le pays qu'ils habitent, et d'une hauteur appropriée à celle de leurs jambes et de leur corps ; mais ils broutent avec beaucoup de difficulté, en ce qu'ils sont obligés, pour le faire, d'écarter les jambes à une distance considérable.

On s'imaginoit autrefois que la giraffe n'avoit ni le moyen ni l'intention de se défendre contre les attaques des autres animaux ; mais M. Levaillant nous assure que, par ses ruades précipitées, elle fatigue, décourage, et parvient enfin à éloigner le lion ; elle ne se sert pas, néanmoins, de ses cornes comme d'armes offensives.

www.ingramcontent.com/pod-product-compliance
Ingram Content Group UK Ltd.
Pitfield, Milton Keynes, MK11 3LW, UK
UKHW022101170726
13837UKWH00003B/1030